AF461166

ESSAI

D'ÉTUDE COMPARATIVE

SUR LA VALEUR π

OU

RAPPORT DU DIAMÈTRE A LA CIRCONFÉRENCE

DANS L'ANTIQUITÉ ET DE NOS JOURS

Mens agitat molem.
(VIRG., *Énéide*, 6e liv.)

O : H : E : N : V :

CAEN
TYPOGRAPHIE GOUSSIAUME DE LAPORTE
RUE AU CANU, 5

1869

Lettre adressée à M. le Secrétaire du Cercle scientifique, à P...., le 13 juillet 1859.

« MONSIEUR,

« Le 13 janvier 1858, je vous écrivais : Les triangles engendrés par les polygones inscrits et circonscrits, pour arriver à la valeur π, ont et ne peuvent avoir pour commune mesure que des nombres fractionnaires de la diagonale du carré circonscrit.

« Le 19 février 1859, je terminais mon étude sur la valeur π en vous disant : Que je ne me croyais pas, par délicatesse et scrupule, autorisé à frustrer qui de droit du plaisir de faire cette rectification ; aujourd'hui que six mois ont passé sur les raisons plus ou moins bonnes que j'ai eu l'honneur de vous adresser, je n'ai plus motif de garder la même réserve.

« Je viens donc, Monsieur, vous offrir la rectification de la valeur π ainsi qu'un rapport heureusement trouvé m'a permis de l'établir.

« Il résulte de mes recherches que :

$$\pi \times 7 = \sqrt{2} \times 7 + 12{,}1, \text{ ou : } \pi = \sqrt{2} + \frac{10}{7} + 3, \text{ ou enfin : } \sqrt{2} + \frac{12.1}{7} = \pi.$$

« Au point de vue arithmétique, la traduction d'une des formules précédentes arrêtée à la 13e décimale, soit 3,1427849909445, me semble présenter les meilleures conditions pratiques. C'est du reste un fait d'appréciation personnelle : la formule $\sqrt{2} + \frac{12{,}1}{7} = \pi$ est la simplification la plus grande qu'il m'ait été possible de donner à ce fameux problème.

« Reste à vous donner, Monsieur, par quelle voie il m'a été possible d'arriver à cette solution. Je me permettrai de vous le répéter. C'est le fait d'un rapport heureusement trouvé et que j'aurais l'honneur de vous adresser *si une objection sérieuse se produisait.* Il existe une différence telle entre cette formule et celle donnée par l'Académie, qu'il est impossible que des objections sérieuses ne soient pas faites à cette dernière solution. Je ne vous cacherai pas, Monsieur, que ce serait pour moi une satisfaction de pouvoir trouver une objection sérieuse, car de la contradiction dans les résultats naît toujours quelque chose d'utile.

« Dans cet espoir, veuillez, Monsieur, agréer, etc.

« *P.-S.* — Si je me permets de vous adresser cette lettre recommandée, c'est que j'ai le désir qu'elle vous arrive plus sûrement. »

En même temps que je donnais cette communication au secrétaire du Cercle scientifique de P...., j'adressais copie de la même lettre au président de l'Institut de Colombie, à Washington, avec la lettre suivante :

« Monsieur le Président,

« J'ai l'honneur de vous adresser copie d'une lettre que j'ai eu le plaisir d'expédier au Cercle scientifique de P.... Comme la solution du problème qu'elle contient intéresse tous les vrais amis de la science; que je sais d'ailleurs le favorable accueil que votre nation, ainsi que ses représentants dans la science, font toujours à toute recherche sérieuse, j'ai cru, Monsieur, ne pouvoir mieux adresser le résultat qu'à votre Institut, d'autant plus qu'à toute communication déjà faite sur ce sujet je n'ai obtenu qu'un silence réservé.

« La solution du problème étant le but que je me proposais, je ne vous adresse pas, Monsieur le Président, le double des objections que j'ai eu l'honneur d'exposer déjà à P...., objections qui n'avaient pour but que de laisser à nos représentants dans la science la satisfaction de faire eux-mêmes cette rectification.

« Veuillez, Monsieur le Président, etc. »

A ces deux lettres, écrites il y a près de dix ans, je ne reçus aucune réponse, pas même accusé de réception. Pour P...., je sais que la question est jugée comme du domaine de la folie, et, quant à ma lettre au président de l'Institut de Washington, une pensée de parcimonie d'un employé de la poste détourna la lettre de sa destination et manqua de m'envoyer en police correctionnelle comme emploi d'un timbre oblitéré. Voici le fait :

En affranchissant ma lettre, l'employé, pour ne pas perdre un timbre de 80 centimes qu'il avait oblitéré en trop précédemment, employa ce timbre à l'affranchissement de ma lettre, ayant d'ailleurs la pensée de prévenir le contrôleur; mais il oublia.

Cette lettre, arrêtée à P...., ne partit pas pour sa destination et revint à son point de départ avec ordre de poursuites judiciaires. Je ne dus de ne pas passer en police correctionnelle qu'au bon vouloir du commissaire de police, qui, sur ma déclaration et mon désir, *daigna* se transporter à la poste, où l'employé, malgré quinze jours passés et les chances d'encourir la sévérité du contrôleur, reconnut spontanément que l'application du timbre oblitéré était son fait. Je ne fus pas poursuivi, mais, quant à ma lettre, je ne sais si elle est parvenue à son adresse.

Ce petit accident refroidit un peu mon zèle à provoquer la rectification d'une valeur qui a bien attendu et attendra bien encore, et dont la rectification n'a d'importance réelle que pour les déductions de la haute science; mais, d'un autre côté, je fis la réflexion que si, pour moi, il y avait, dans mon désir de rectification, un motif sérieux basé sur le moyen qui m'avait donné la nouvelle valeur π, il ne pouvait en être de même pour les mathématiciens bercés et entretenus avec l'idée que la solution est impossible et irréalisable.

Persuadé, de mon côté, que je tenais une solution sérieuse, je me posai ce dilemme : Ou tu es dans le vrai, ou tu es dans l'erreur?... Si tu es dans le vrai, il doit être possible de trouver une équation te donnant raison et démontrant toutes les autres solutions fautives; ou cette même équation, si elle existe, justifiera l'une ou l'autre des valeurs π données antérieurement.

Dans tous les cas, il ne peut, me disais-je, qu'y avoir avantage à creuser la question en ce sens que les diverses représentations de π, données depuis la plus haute antiquité jusqu'à nos jours, soit π indien ou 3,1416, π d'Archimède ou $\frac{22}{7}$, π des polygones ou de l'Académie française, sont toutes valeurs donnant satisfaction à leurs auteurs. Ou π des polygones est un perfectionnement, comme le pense notre Académie, sur π indien et π d'Archimède, ou π indien et π d'Archimède sont des perfectionnements de π des polygones.

Quels que fussent les motifs ou les raisons qui déterminèrent les préférences, je pensai qu'il devait être intéressant de retrouver ces motifs.

Je me livrai donc à une étude comparative des diverses valeurs de π; je soumis ces diverses valeurs à des expériences que je demandais à l'induction; je trouvai diverses équations qui, si elles étaient pour moi d'une édification sérieuse et démonstrative, ne répondaient cependant pas à ce que je désirais. Ce n'a été que dans ces derniers temps que je trouvai, ou du moins crus trouver des raisons justifiant mes inductions et des équations apportant un peu de lumière à la question.

Je communiquai mes premiers résultats à un vieil ami, docteur ès sciences et ex-professeur de mathématiques à P....; mais, soit idée arrêtée sur ce sujet, soit qu'occupé de questions plus intéressantes, il ne désirât s'en occuper, nos communications sur la matière se bornèrent aux quelques lettres suivantes que je transcris ici avec leurs irrégularités, tant pour l'édification du sujet que pour conserver à cette étude son caractère et son originalité.

Première lettre.

« C., le 2 janvier 1867.

« Monsieur et Ami,

« Je désirais vous adresser mes vœux de premier de l'an; craignant de ne pouvoir le faire moi-même aujourd'hui, j'avais prié monsieur votre neveu de bien vouloir être mon interprète près de vous; mais, comme je puis disposer de quelques minutes, j'en profite pour vous prier d'accepter tous mes souhaits bien sincères pour vous.

« Que devenez-vous avec vos dernières recherches? Ici j'en ai parlé dans le sens où vous m'en aviez entretenu; mais tous n'ont pas le feu sacré et travaillent, quand ils travaillent, plus en curieux indifférents qu'en piocheurs; de plus, aucun ne se sent de force à affronter les colères académiques.

« Quant à moi, en 1859, sur une de vos lettres où vous me disiez : A quoi bon tourmenter les chiffres comme vous le faites? j'avais abandonné la question de π, le temps me manquant d'ailleurs.

« Lors de votre dernière visite, une vieille velléité de couler davantage la question me reprit; je travaillai à nouveau cette question, mais en me bornant à ceci :

« 1° Archimède connaissait-il la formule des polygones?

« 2° A-t-il donné la formule $\frac{22}{7}$ comme perfectionnement de la formule des polygones?

« 3° Par quel procédé a-t-il obtenu sa formule?

« 4° Pourquoi, si sa formule est une modification rationnelle de π des polygones, a-t-il rejeté la formule acceptée par l'Académie et a-t-il donné $\frac{22}{7}$ comme representation de π?...

« J'ai la conviction, d'après mes recherches et mon étude sur les racines, qu'Archimède a répudié π des polygones avec raison; d'après mes dernières recherches, je crois avoir trouvé les moyens et les procédés qui durent servir à Archimède pour obtenir sa formule $\frac{22}{7}$. Seulement, comme tous les hommes de son temps, il aimait à déguiser les moyens et les voies qui l'avaient conduit à trouver la vérité, ou ce qu'il croyait l'être, tout en la donnant sous une forme correcte, se réservant, si on le contestait, à donner ses raisons et ses moyens.

« Je ne connais pas, en l'absence de rapport donnant π, rien de plus admirablement combiné et travaillé que cette formule d'Archimède. On reste dans l'admiration la plus profonde sur ce qu'il a fallu de travail, de réflexions sérieuses et d'inductions réelles pour arriver à ce résultat $\frac{22}{7}$, et, quand on retrouve les voies qui ont servi à y conduire, les mathématiciens d'il y a deux mille ans grandissent si haut dans l'esprit, que l'on est réduit, malgré toute notre science acquise, à se demander si nous ne sommes pas de petits enfants?

« Excusez cette petite digression à mes vœux et souhaits de nouvelle année, et veuillez, etc. »

A cette lettre, M. A. répondit par la lettre suivante :

P...., le 11 janvier 1867.

« Monsieur et Ami,

« Je vous remercie de vos souhaits de bonne année contenus dans votre lettre du 2 janvier 1867 (par habitude sans doute vous avez mis 1866); je vous prie de croire que mes souhaits à votre égard ne cèdent rien aux vôtres, sans oublier Madame votre mère et Monsieur votre frère, auprès desquels je vous prie d'être mon interprète.

« Relativement aux diverses valeurs approchées de π, j'observerai que l'expression $\frac{22}{7}$ indiquée par Archimède a été sans doute obtenue en calculant les contours successifs de divers polygones réguliers semblables inscrits et circonscrits au cercle.

« Il en a été probablement de même de la valeur $\frac{355}{113}$ donnée par Metius. On retient aisément cette valeur en partageant par le milieu les trois premiers nombres impairs 1, 3, 5, écrits doublement 11, 33, 55.

« Dans le calcul différentiel et intégral de Lacroix, on trouve la série convergente qui exprime la valeur π. Cette dernière existe aussi dans bien d'autres ouvrages.

« Dans les tables logarithmiques de Callet, on trouve π=3,14159..... avec cent vingt décimales; si ma mémoire est bonne, je crois l'avoir copiée dans le *Cosmos* avec deux cents décimales.

« Jusqu'à présent, il a été impossible d'obtenir exactement la valeur de π qui est seulement connu par une série convergente dont le nombre de termes est infini, mais dont on peut se servir pour obtenir π aussi exactement qu'on le désire, en calculant tous les termes de la série qui influent sur les décimales que l'on veut avoir.

« Pour déduire ensuite des valeurs simples et approchées, on agit entre les deux termes de la fraction obtenue comme si on cherchait leur plus grand commun diviseur, et on remonte aux valeurs approchées que donne cette suite de divisions, on a des valeurs simples et plus ou moins approchées. C'est ainsi que l'on a trouvé $\frac{22}{7}$, je ne pense pas que $\frac{355}{113}$ s'y trouve.

« Ignorant comment vous avez trouvé l'expression de la valeur π que vous m'avez envoyée, il m'est impossible de vérifier son exactitude, c'est pourquoi je ne puis que la réduire en décimales pour comparer le résultat à celui qui est connu.

« Je reconnus qu'elle était *trop forte* ou *trop faible*, ma mémoire ne me rappelle pas lequel des deux cas avait lieu.

« Si c'était le premier cas, je vous dis de calculer les contours des polygones réguliers circonscrits dont le nombre de côtés sont successivement doubles, et que vous parviendriez à un contour moindre que votre valeur de π.

« Dans le deuxième cas, il faudrait calculer les contours des polygones réguliers inscrits comme ci-dessus pour les circonscrits, et vous arriveriez à un contour plus long que votre valeur π.

« Ces calculs seraient longs, car il faudrait pousser assez loin l'approximation de chaque contour.

« En suivant la marche adoptée par vous ou par d'autres pour parvenir à l'expression de la valeur π que vous m'avez envoyée, on pourrait reconnaître où est l'erreur.

« En terminant, j'ai l'honneur de vous réitérer mes souhaits de bonne année sans oublier Madame votre mère et Monsieur votre frère.

« Votre, etc. »

Le 13 janvier, j'adressais à M. A. la lettre suivante, comme suite à ma lettre du 2 janvier :

« C., le 13 janvier 1867.

« Monsieur et Ami,

« Monsieur votre neveu vient de m'apporter votre lettre en date du 11. Je vous remercie mille et mille fois, pour ma mère, mon frère et moi, de vos bons souhaits et de votre bon souvenir pour nous tous.

« Pour moi, je vous remercie tout spécialement de la note instructive que vous y joignez ; mais, malgré tout ce qu'elle contient de précieux pour moi, je tâcherai de suivre l'exemple de Descartes, qui, pour trouver de nouvelles voies, s'efforçait d'oublier tout ce qu'il avait appris dans les livres; j'aurai, il est vrai, beaucoup moins de mal, car mon bagage sur le sujet m'est bien léger; en revanche, je crains peu la peine et le travail. A force de torturer un sujet, on finit toujours par aboutir à un point quelconque de la vérité.

« Je vous disais, dans ma précédente, que je croyais qu'Archimède connaissait le π des polygones, c'est-à-dire la valeur π acceptée et recommandée par l'Académie actuelle, et que je croyais qu'il avait rejeté cette valeur pour lui préférer la sienne.

« Sans chercher ici à justifier par des exemples (ce qui serait trop long et vous ennuierait) comment il a dû reconnaître que la moyenne proportionnelle que l'on obtient par nos procédés de dédoublement de la valeur 2 entraînait à erreurs, je vous dirai que j'ai la conviction qu'il chercha un autre moyen de trouver une moyenne proportionnelle plus directe, plus harmonique, et surtout ne résultant pas d'opérations successives s'échelonnant; en un mot, il demanda cette moyenne proportionnelle à une seule opération et non à une suite d'opérations.

« Les deux nombres qui, pour lui, remplissaient les conditions nécessaires (pour ne pas vous fatiguer, je m'abstiendrai de toutes réflexions subséquentes) étaient 32 et $\frac{1}{32}$ ou 3125; or π, pour Archimède, était, dans *la série incommensurable des racines*, une valeur x indiscutable entre 32 et 3125; de plus, 32 et 3125 sont des multiples de 2 et de 5, ce qui (en passant) semble démontrer qu'à cette époque on se servait de la numération décimale.

« Comment, abstraction faite des raisons qui militeraient en faveur de son procédé, Archimède fit-il sortir π de 32 et 3125? Voici :

« Les nombres 32 et $\frac{1}{32}$ ont (au point de vue décimal) pour conséquents les nombres 320 et $\frac{1}{320}$. Or, Archimède dut poser ainsi son opération :

$$\left(\sqrt{32}+\frac{1}{\sqrt{32}}\right)=\text{A divisant}\left(\sqrt{320}+\frac{1}{\sqrt{320}}\right)=\text{B}.$$

$\frac{B}{A}$=la moyenne *proportionnelle décimale* entre ces deux nombres, multipliée par $\sqrt{10}$. Le nombre ainsi enfanté *divisé* par $\sqrt{10}$ égale la moyenne proportionnelle qu'il cherchait ou la valeur $\pi=\frac{22}{7}$.

Traduisant en chiffres la proposition ci-dessus, nous aurons :

$$\begin{array}{llll} & \sqrt{32}=5{,}6568542492, \text{ etc.} & \text{et} & \sqrt{320}=17{,}8885438188, \text{ etc.} \\ + & \frac{1}{\sqrt{32}}=17677669529, \text{ etc.} & + & \frac{1}{\sqrt{320}}=559016994375, \text{ etc.} \\ = & 74246212021=\text{A}. & = & 737902432563=\text{B}. \end{array}$$

D'où $\frac{B}{A}=\frac{737902432563}{74246212021}=9938586932103$, etc.

Or, nous savons que $\sqrt{10}=3{,}162277660168379$, etc.

D'où posant $\frac{9938586932103}{3162277660 1683}$, il vient 3,1428571428, etc.

Ou $\pi=\frac{22}{7}$.

« Comme vous le voyez, Monsieur et ami, l'expérience justifie le raisonnement et π d'Archimède est réellement bien sorti de 32 et $\frac{1}{2}$; mais incontestablement aussi Archimède, homme pratique s'il en fut, ne dut pas se contenter de ce résultat; il demanda donc encore aux chiffres un corollaire conséquent de ce résultat premier.

« Si la question vous intéresse et vous semble en valoir la peine, je vous adresserai la suite de mes petites recherches.

« Je suis seul à la ph....., malgré mon désir de parler plus longtemps avec vous, je me vois forcé de vous dire que je suis toujours votre bien dévoué, etc. »

P. S. $A=\sqrt{55125}$. $B=\sqrt{5445}$ et $\frac{5445}{55125}=\pi\times\pi$ d'Archimède.

N'ayant pas reçu de réponse à cette seconde lettre, j'écrivis à M. A.

« C., le 24 février 1867.

« Monsieur et Ami,

« Le 13 janvier, j'ai eu l'honneur de vous adresser un commencement de communication en réponse à votre honorée du 11 du même mois; n'ayant pas été honoré d'une réponse, je crains que ma lettre ne vous soit pas parvenue. Vous m'obligerez, Monsieur et ami, si vos occupations vous permettent de me tranquilliser à cet égard.

« Veuillez agréer, etc. »

Le 27 février, on m'apporta la lettre suivante :

« P...., le 23 février 1867.

« Monsieur et Ami,

« Il m'est très-difficile de répondre à votre lettre du 13 janvier 1867. En effet, j'ignore comment vous avez obtenu 32 et 3125 entre lesquels se trouve π (ce doit être 3,2 et 3,125); il m'est donc impossible de partir de là pour suivre vos calculs, dans lesquels je trouve des erreurs; en effet, vous mettez :

$\sqrt{32},=5,6568542492$; vous mettez ensuite $\frac{1}{32}=17677669529$. Sans avoir effectué ces calculs, il y a erreur, car $\frac{1}{32}=\frac{1}{5,6568542492}$ est moindre que 1 et, par suite, ne peut être 1,767669529.

Vous mettez ensuite $\sqrt{320}=17,8885438188$, or $\frac{1}{\sqrt{320}}=\frac{1}{178885438188}$ est bien au-dessous de 1, au lieu de surpasser 55.

« Vous mettez en P.-S. :

$A=\sqrt{55125}$ $B=\sqrt{5445}$ et $\frac{5445}{55125}=\pi\times\pi$ d'Archiméde, or $\frac{5445}{55125}$ est bien plus petit que 1 $\pi\times\pi=314\times314$.

« Sans entrer dans de plus longs détails, il m'est impossible de comprendre ce que vous avez voulu m'indiquer.

« Je vous prie de présenter, etc. »

En réponse à cette lettre, je répondis immédiatement :

« C., le 27 février 1867.

« MONSIEUR ET AMI,

« Madame votre nièce vient de m'apporter votre lettre du 23 février en réponse à la mienne du 13 janvier; Mme H. l'avait oubliée dans sa poche depuis quatre jours. Je vous prie d'excuser ma réclamation du 24 février. En présence des dernières interpellations de la Chambre, je craignais, n'ayant pas de réponse de vous, que quelque vandale ne l'eût arrêtée comme soupçonnée de politique.

« Je vous remercie des observations logiques que vous voulez bien m'adresser, mais je n'accepte pas le mot *erreurs* que vous y joignez. Si j'ai fait erreur, elle est *volontaire* et *raisonnée*. Il est juste de convenir que, dans mon exposé, j'ai fait un oubli qui *justifie en tout et pour tout* vos observations. Après : *Archimède dut poser ainsi son opération,* j'ai mis $\sqrt{32}+\frac{1}{\sqrt{32}}=A$; j'aurais dû mettre $\left(\sqrt{32}+\frac{1}{\sqrt{32}}\times 10=A\right)$, et au lieu de $\sqrt{320}+\frac{1}{\sqrt{320}}=B$, je devais dire $\left(\sqrt{320}+\frac{1}{\sqrt{320}}\times 100\right)=B$.

« Comme cela vous n'auriez pas été arrêté avant d'expérimenter si mon résultat final était bien π d'Archimède.

« Connaissant toute votre rectitude mathématique, je m'attendais, en relisant la copie de ma lettre, aux observations que vous m'adressez; mais j'ignorais si vous l'aviez reçue et j'espérais, dans l'affirmative, que, prenant en considération la traduction en chiffres de ma proposition, vous expérimenteriez si, *finalement*, j'arrivais à $\frac{22}{7}$.

« Quant au P. S., permettez-moi de réparer un oubli et de vous poser *deux virgules*, afin de vous rendre la division possible.....

$B=\sqrt{544,5}$ et $A=\sqrt{55,125}$, d'où $\frac{544,5}{55,125}=\pi\times\pi$ d'Archimède, ou 9,877551020408, etc.

« Je vous adresserai pour dimanche (comme corollaire de cette première relation) une étude du Je-kim ou π de Fo-Hy, qui, je n'en doute pas, a dû conduire Archimède à trouver le moyen d'obtenir la moyenne proportionnelle entre 32 et 3125 de ma lettre du 13 janvier dernier.

« Veuillez, etc.

« C., le 2 mars 1867.

« Monsieur et Ami,

« Conformément à ma promesse, j'ai l'honneur de vous adresser une seconde relation conduisant à π d'Archimède.

« Sans chercher à abuser de la bienveillance que vous voulez bien me témoigner, permettez-moi une petite digression afin de vous faire comprendre pourquoi et comment j'ai raisonné en vous faisant mon exposé sur π comme si je connaissais les voies et les moyens qui ont guidé Archimède dans sa préférence pour $\frac{22}{7}$.

« L'antiquité, vous le savez, Monsieur et ami, est pour nous toute remplie de mystères et d'inconnu; de temps en temps un coin du voile se soulève par la trouvaille de quelques débris échappés comme par miracle au ravage du temps, et, immédiatement, des lueurs inconnues apparaissent étonnant la morale, la philosophie, la littérature et la science elle-même.

« Vouloir juger sans appel sur ces débris des âges de la trempe des esprits et des intelligences du vieux monde est, selon moi, sinon pécher par présomption, être du moins bien osé.

« Au point de vue que je me suis permis de vous soumettre, c'est-à-dire la question de π, je ne puis croire ni me persuader que Fo-Hy ou les savants de son siècle, en donnant 3,1416 pour valeur de π, qu'Archimède en donnant $\frac{22}{7}$ n'aient eu d'autres raisons qu'une approximation, une sorte d'à peu près accusable d'impuissance.

« Fort de la conviction profonde que ces savants d'un autre âge avaient des motifs tout aussi rationnels et tout aussi satisfaisants pour leur raison consciente, que l'Académie consignant à sa porte la question de π et traitant de fou qui s'en occupe, je me suis amusé à chercher si, dans l'empire des nombres, des relations existaient conduisant à l'une ou l'autre valeur connues, comme exprimant π.

« Le 13 janvier, je vous ai adressé une de ces relations justifiant Archimède. Aujourd'hui, ainsi que je vous l'annonçais par ma lettre du 27 février dernier, je vous donne, sous ce pli, une interprétation de la valeur π de Fo-Hy qui, si elle n'a été interprétée de même par Archimède, confirme cependant son $\frac{22}{7}$.

« L'historien nous apprend que Pythagore voyagea dans l'Inde et qu'il en rapporta un grand nombre de connaissances pour l'Occident ; de plus, elle lui attribue plusieurs découvertes mathématiques qu'il a bien pu rapporter de ses voyages ; je puis donc supposer qu'Archimède, qui vivait deux cents ans après lui, hérita de toutes les connaissances rapportées d'Orient, et que ce tout, germant sous l'influence de son génie, il nous a légué le peu que le temps ait permis de recueillir.

« Quant on examine cette valeur π de Fo-Hy (3,1416) si remarquable, comparée à notre π des polygones qu'elle en semble une *rectification raisonnée*, on se demande ce qu'il faudrait pour justifier ce changement du 5 en 6 de la 4e décimale du π des polygones ?

« La raison répond : trouver une équation numérique donnant des résultats rationnels avec toute racine incommensurable, décimalement exprimée et accusant faiblesse avec π des polygones.

« Je tiens une de ces relations justifiant Fo-Hy, je vous la communiquerai sitôt que je l'aurai plus contrôlée que je n'ai encore pu le faire.

« Revenons au Je-kim de Fo-Hy, interprété dans le sens où je suppose qu'Archimède dût le faire :

$$\pi \text{ de Fo-Hy} = 3,1416.$$

« Si, dans la série des nombres premiers, nous cherchons les *trois premiers nombres* premiers, ayant une fraction décimale incommensurable, nous trouvons 3, 7 et 11 ; or, 3, 7 et 11 sont des diviseurs parfaits de 3,1416.

« Nous établirons comme suit sous forme de proportion, en nous servant en plus du diviseur et multiplicateur 2, le tableau ci-après :

A × a :		B × b ::		C × c :		X divisant x.
,171875	1, 82784	1875	167552	,21875	× 1, 43616	
,34375	,91392	375	83776	,4375	71808	
,6875	,45696	75	41888	,875	35904	
1, 375	,22848	1, 5	20944	1, 750	17952	
2, 75	11424	3,	1, 0472	3, 50	,8976	
5, 5	5712	6,	,5236	7,	,4488	
11,	2856	12,	,2618	14,	,2244	
22,	1428	24	,1309	28	,1122	238 748
44,	0714	48	,06545	56	0561	
88,	0357	96	,032725	112	02805	
176,	01785	192	,0163625	224	014025	
352,	008925	384	,00818125	448	0070125	
704,	0044625	768	,004090625	896	00350625	
1408,	00223125	1536	,0020453125	1792	001753125	
2816,	001115625	3072	,00102265625	3584	0008765625	
5632,	0005578125	6144	,000511328125	7164	00043828125	

A × a = 3,1416 comme B × b, comme C × c ; mais X et x posés ainsi $\frac{x}{X}$ donne π d'Archimède.

« Voici la formule donnant X et x.

B — A = E et a — b = F. Comme C — B = G et b — c = H, d'où E × F donnera X et G × H donnera x; or $\frac{x}{X} = \frac{748}{238} = 3{,}1428571428$, etc., ou $\frac{22}{7}$.

« Une seule chose à observer, c'est d'effectuer les soustractions entre BA, ab, CB et bc dans le sens horizontal où ils se trouvent placés dans le tableau.

« Monsieur et Ami, si vous rencontriez, comme dans ma lettre du 13 janvier, quelques points qui vous paraîtraient fautifs ou obscurs, veuillez me croire tout à votre disposition. Vous savez combien ma clientèle me laisse peu de liberté et que quand il faut, tout en vous écrivant, répondre à l'un et servir l'autre, quelques oublis deviennent plus que possibles.

« Tout ce que je désirais vous communiquer sur la valeur π d'Archimède se trouve complété par la lettre présente. Reste à vous parler de Fo-Hy. Mais j'ai déjà tellement abusé de votre complaisance que je crains de continuer.

« Veuillez, Monsieur et Ami, agréer, etc.

« C., 1868.

Depuis l'échange de ces diverses lettres avec M. A., je n'ai reçu de lui ni une observation ni une objection nouvelle. Je suis loin de prendre ce silence pour une approbation de mes idées sur π d'Archimède, ainsi que de mes inductions sur l'irrégularité de π des polygones.

Je continuai donc mes recherches, quand ce me fut possible, sur l'étude comparative de π indien et sur les motifs probables qui déterminèrent les mathématiciens de ces temps reculés à arrêter π des polygones à la quatrième décimale en la forçant d'une unité.

Je partis de cette hypothèse que les mathématiciens de l'Inde ont pu connaître π des polygones, et que, envisageant la marche que la raison semble satisfaite de rencontrer, en passant successivement par les polygones inscrits et circonscrits, pour arriver à la valeur π, ils virent que successivement on diminue la valeur du carré circonscrit pendant que, en même temps, on augmente successivement la valeur du carré inscrit; de là une espèce d'action mécanique des opérations élaguant d'un côté, tandis qu'elles ajoutent de l'autre.

Ils purent se dire que si les opérations faites pour arriver à π ont la même justesse de but que la pesée par la balance, alors qu'on ôte d'un des plateaux pour remettre dans l'autre, jusqu'à équilibre parfait, la logique d'accord avec le visu pourrait avoir raison; mais en est-il ainsi? Les deux bras de levier représentés dans les opérations par les polygones inscrits et circonscrits oscillent-ils à égale distance du point d'appui, ou mieux du but que l'on cherche?

A cette époque reculée, on considérait les opérations sur les nombres comme une balance d'une justesse incommensurable, mais à point d'appui variable, ce qui faisait consister la justesse des résultats dans la rationalité des points de départ, par rapport au but à atteindre; à cause de la logique conséquente des opérations.

A notre époque, nous considérons la valeur fournie par le calcul des polygones comme un nombre *sui generis* que l'on obtiendra toujours similaire dès lors que les opérations y conduisant auront été effectuées d'une manière irréprochable. Ce nombre est incommensurable; il forme une chaîne dont le premier anneau est l'entier 3, et dont tous les anneaux suivants ont, indépendamment de leur signification chiffrée, un lien décimal avec l'anneau qui précède comme avec l'anneau qui le suit; quelque loin que l'on cherche, par ce moyen, l'expression de l'incommensurable π, soit 200 ou 300 décimales, la 200e ou la 300e décimale sera la représentation chiffrée liée à la chaîne dont l'entier 3 est le premier anneau, et le chiffre représentant la 200e ou 300e décimale le 201e ou 301e chaînon.

Le raisonnement est conséquent et semble confirmé par les résultats que donnent les opérations sur les polygones; ces opérations, faites jadis, hier, aujourd'hui, demain ou dans l'éternité, donneront toujours pour π le même nombre, les mêmes chiffres et dans le même ordre. Mais ne peut-on se demander :

1° Si l'élagage, par les opérations sur les polygones circonscrits, est en proportion unitairement rationnelle avec l'augmentation correspondante sur les polygones inscrits?

2° Si la marche convergente a une rencontre également rationnelle quant au but, par cela seul qu'on la trouve numéralement similaire à un instant de la convergence?

3° Posant l'objection au figuré, ne peut-on se demander si deux personnes, à distance inconnue de rencontre, marchant en ligne droite l'une vers l'autre, se rencontreront en π, alors même que, marchant d'un pas mesuré de commande, elles ont des enjambées différentes ?

L'algèbre, en nous fournissant, dans bien des cas, la possibilité de nous affranchir de masses de chiffres, a peut-être eu le tort que les anciens ignoraient, c'est-à-dire d'empêcher la découverte de concordances que l'œil entrevoit parfois et dont l'esprit profite pour en tirer des déductions et des conséquences utiles à guider les recherches (*).

Je disais que les opérations mathématiques pouvaient être comparées à une balance d'une justesse incommensurable, mais à point d'appui variable; ceci ne me paraît pas contestable par toute personne ayant un peu pratiqué les nombres. Les partisans de la justesse de π des polygones me semblent en tenir faible compte en déclarant qu'ils ont la seule valeur vraie de π par cela seul que, partant de deux valeurs doubles l'une de l'autre, ils arrivent à trouver un même nombre.

A cela les anciens auraient répondu je pense, et Archimède aurait répliqué je crois : Si votre raison est satisfaite, très-bien ! Mais perdrait-elle de sa valeur en cherchant la sanction de la pratique et en démontrant que le mode d'engrenage que vous fournit votre convergence n'influe pas sur le but cherché?

L'histoire nous a conservé l'importance que l'antiquité accordait à la représentation de π. Mille preuves nous restent qu'elle considérait le cercle comme un symbole divin, et tout fait présumer que l'*unité*, la *dualité* et la *trinité* ont eu pour révélateurs et interprètes les nombres.

Je puis donc supposer que π des polygones pouvait être connu du temps de Fo-Hy, mais que, vu l'importance que l'on attachait

---

(*) Comme exemple, entre mille, je poserai ici le problème suivant : $x \times x = B$ et $B \times B = C$ et $C \times C = \sqrt{2}$. On demande combien il existe de nombres x pouvant donner également et correctement $\sqrt{2}$.

alors à la véritable expression de π, les mathématiciens de ces temps reculés ne s'arrêtèrent pas à la satisfaction pure et simple donnée à la raison par la rencontre des polygones inscrits et circonscrits sur un même nombre; ils cherchèrent encore si ce nombre pouvait s'accorder avec les idées d'*unité*, de *dualité* et de *trinité* qui dominaient alors.

La formule suivante me paraît pouvoir être de cette époque :

$$\sqrt{3}+\sqrt{2}=A \text{ et } \sqrt{3}-\sqrt{2}=B$$

$\frac{1}{A}$ donne B par dix décimales

$\frac{1}{B}$ donne A d° d°

Il y a donc, au point de vue décimal, accord unitaire entre $\sqrt{3}\pm\sqrt{2}$.

A traduit en chiffres = 3,146264369941, etc.
B d° d° = ,317837245195, etc.

La similitude des trois premiers chiffres de A avec les trois premiers chiffres de π des polygones dut faire rechercher si, partant de A et B, il ne serait pas possible d'arriver à une valeur similaire confirmant π des polygones; pour cela il fallait que, comme pour les polygones qui ont 2 pour doublement des côtés, conjointement avec l'extraction de racines successives, ils trouvassent un point d'appui invariable de corrélation; ils trouvent ce point d'appui dans $\sqrt{10}\times 2$ ou $\sqrt{40}$.

En effet, $\sqrt{10}$=3,162277660168, etc. ×2=6,32455532033, etc.

Ils tirèrent de là la formule convergente ci-après :

$$\sqrt{40}-B=A$$

$$\frac{1}{A}=B'$$

$$\sqrt{40}-B'=A'$$

$$\frac{1}{A'}=B''$$

$$\sqrt{40}-B''=A''$$

et ainsi de suite jusqu'à rapprochement de la valeur donnée

par les polygones. Or, à $\sqrt{40}$ — B^{44} et à $\sqrt{40}$ — B^{45} (*), on rencontre deux nombres dont l'un est plus fort et l'autre plus faible que π des polygones, c'est-à-dire que, partant du mariage de $\sqrt{3} \pm \sqrt{2}$ (ou les types de la dualité et de la trinité d'alors), on tronve après 44 et 45 rapprochements avec l'unité et la racine $\sqrt{40}$, deux nombres qui, additionnés et divisés par 2, donnent comme moyenne proportionnelle 3,1416, plus une fraction minime occasionnée par la *bifurcation décimale.*

Les mathématiciens de l'Inde, expérimentant et comparant les résultats donnés par les diverses formules convergentes qu'ils connaissaient à cette époque, trouvèrent des divergences dans les résultats, divergences qui toutes s'accusaient après le cinquième chiffre de π. De là à soupçonner que la valeur vraie de π devait être en deçà de ces divergences, il n'y avait qu'un pas, pas qu'en présence des tendances de l'époque tout engageait à franchir.

Combien d'ailleurs la valeur 3,1416 apportait de consécration à ces idées. En effet, 3,1416 *résumait* et *condensait* bien toutes les qualités que l'*esprit* de l'époque *souhaitait* et *recherchait* dans la représentation de π.

Au point de vue mathématique d'abord, il *condensait* et *représentait* bien une moyenne proportionnelle entre π donné par la formule des polygones et le nombre que la formule convergente précédente fournit par l'unité et la racine $\sqrt{40}$. En effet, si nous désignons par A π des Indiens, par B π des polygones, et que nous posions $\frac{A+B}{2}=D$, $\frac{1}{D}$ égalera $\left(\frac{1}{A}+\frac{1}{B}\right)$ divisé par 2, avec dix décimales, L'harmonie unitaire existe donc entre ces deux représentations de π.

D'un autre côté, 3,1416 est un nombre *simple* et *concret;* il *jouit* de qualités exceptionnelles de *divisibilité;* il est divisible exactement par 3, par 7, par 11, par 1848, etc., etc.; comme *multiplication*, il peut être *engendré* par les quatre nombres premiers 3, 7, 11 et 17, multipliés l'un par l'autre et par 2 élevé à la troisième puissance. En effet, $3 \times 7 \times 11 \times 17 \times 8 = 3{,}1416$.

(*) Comme expérience : $\sqrt{40}$ n'a été prise ici que par 11 décimales.

Comme *valeur concrète* et *décimale*, il possède cette particularité remarquable et exceptionnelle d'avoir une fraction décimale périodique de 49 chiffres, et au 50e (juste le nombre de chiffres de la représentation de $\pi \times 10$) apparaît, comme premier chiffre de la seconde période, encore le chiffre *3*.

A une époque et dans un temps où on attachait tant d'importance aux nombres, à leur corrélation et à leur harmonie, toutes ces particularités, sans compter celles que la fantaisie peut, par combinaisons, en tirer, durent frapper les esprits et faire regarder 3,1416 comme l'expression *du symbole divinement vrai de la circonférence.*

Archimède ne devait pas ignorer toutes ces particularités; mais si l'Inde semble avoir eu pour mobile essentiel *l'harmonie trinitaire*, Archimède, je n'en doute pas, réduisit et estima toutes ces tendances à leur valeur mathématique. Il ne me paraît pas improbable, à la différence énorme existant entre $\frac{22}{7}$ et 3,1416, que son point de départ n'ait été un fait tangible.

L'histoire nous a conservé, indépendamment de la pesée hydrostatique, le souvenir de faits qui prouvent, sans conteste, qu'à l'époque où vivait Archimède, les arts mécaniques avaient un développement et un perfectionnement susceptibles d'être admirés même de nos jours.

Il ne serait donc pas impossible qu'Archimède ait eu des moyens de pesées sensibles à $\frac{1}{10,000}$, ainsi que des moyens d'avoir des feuilles laminées d'une épaisseur et d'une homogénéité aussi parfaites qu'il est humainement possible de les obtenir.

Si on veut bien admettre qu'il lui ait été possible d'obtenir ces deux résultats, il lui aura été facile alors d'utiliser la formule suivante :

A représente un carré parfait coupé dans une feuille d'une épaisseur et d'une densité aussi correctes que possible.

B représente un rond, d'un diamètre égal au côté de A, coupé dans la même feuille.

Ces deux opérations exécutées aussi exactement qu'il est possible de le faire, on prend, avec une balance sensible à $\frac{1}{10,000}$ *au moins*, le poids exact de A et de B, d'où : A, poids du carré divisé par 4, = C, et B, poids du rond divisé par C (quart du poids du carré A), donnera π.

Cette expérience répétée un grand nombre de fois avec des ronds de divers diamètres (en regard de leurs carrés circonscrits), au moyen de feuilles de substances différentes, depuis des feuilles de papier jusqu'à des feuilles de métal bien laminées; en s'entourant, en plus, de toutes les précautions humainement possibles, on obtiendra avec $\frac{B}{C}$ un nombre quelconque, et si ce nombre a constamment pour 4e chiffre un nombre plus fort que celui donné par les polygones ou que celui de la formule indienne, on pourra reconnaître la raison pratique qui détermina Archimède. Par ma lettre du 13 janvier 1867, on s'expliquera comment il put donner à ce point de départ une sanction théorique qui dut d'autant plus le satisfaire que l'interprétation du Je-kim (de ma lettre du 2 mars 1867) lui fournissait un corollaire justifiant ses prémisses et établissait le trait d'union désirable entre l'ancienne valeur de π indien et sa nouvelle formule $\frac{22}{7}$.

Sans donner ici ce procédé comme complétement infaillible, je pense qu'il doit être utile de le consulter, aucun moyen ne devant être dédaigné quand il s'agit de la sanction de la vérité; pour moi, par ce procédé, j'ai toujours trouvé $\frac{B^{\circ}}{C}$=3,142, etc.

Après avoir étudié, autant qu'il m'a été possible, les divers aperçus et résultats ressortant de ce qui précède, cherchant à établir une équation ou formule comparative basée sur la constitution intime de π et applicable à toutes les formules prétendant ou désirant représenter le rapport du diamètre à la circonférence, je me suis arrêté d'abord à la formule ci-après, qui, quoique n'étant peut-être pas irréprochable, donne cependant des résultats assez curieux pour intéresser les personnes qui voudraient pousser plus loin l'étude comparative de π.

Pour ne pas occasionner d'erreurs, je donnerai ci-après les éléments et la formule comparative sans abréviations d'ensemble :

ÉLÉMENTS DE LA FORMULE COMPARATIVE.

1° $\sqrt{2} = A \quad \sqrt{A} = B$ et $\sqrt{B} = C$

2° $\sqrt{3} = D \quad \sqrt{D} = E$

3° $\sqrt{\pi} = F \quad \sqrt{F} = G$ et $\sqrt{G} = H$

FORMULE :

$$\frac{H \times E}{B} + \frac{\frac{1}{H} \times C}{E} = x$$

CONSÉQUENCES DE x :

$x \times x = y \quad y \times y = z \quad z \times z = V$ et $V = \sqrt{32768}$.

32768 est un des polygones par où l'on passe pour avoir π de l'Académie française.

Pour faciliter l'expérimentation de cette formule comparative, je transcrirai ci-après la traduction en chiffres (avec 11 décimales) pour π indien, π d'Archimède, π des polygones et π de ma formule, ainsi que pour les racines de 2 et 3, de toutes les valeurs représentées plus haut par des lettres.

$\sqrt{2}$ { A = 1,414213562373, etc.
B = ,376060309307, etc.
C = ,193922744748, etc.

$\sqrt{3}$ { D = 1,732050807568, etc.
E = ,,416179145043, etc.

Pour π indien ou 3,1416 :

F = 1,77245559232, etc.
G = ,42100545543, etc.
H = ,20518417432, etc.
$\frac{1}{H}$ = ,,4873670202, etc.

Avec π d'Archimède $\frac{22}{7} = 3,14285714285$ etc. :

F = 1,77281052085, etc.
G = ,4210475651103, etc.
H = ,205194435844, etc.
$\frac{1}{H}$ = ,,48734264937, etc.

Avec π des polygones ou 3,1415926535, etc. :

F = 1,7724538508801, etc.
G = ,421005176364, etc.
H = ,205184106686, etc.
$\frac{1}{H}$ = ,,487367182647, etc.

Avec ma formule ou π = 3,1427849909445, etc.

F = 1,7727901711552, etc.
G = ,42104514854717, etc.
H = ,205192847019, etc.
$\frac{1}{H}$ = ,,4873440478473, etc.

Quoique les résultats comparatifs donnés par cette formule de contrôle soient assez remarquables, il serait possible qu'on soupçonnât sa rationalité par cela seul qu'elle amalgame, pour retrouver $\sqrt{32768}$, H et $\frac{1}{H}$.

Est-il irrationnel de considérer tout nombre et sa fraction décimale comme un tout concret particulier et propre à chaque nombre?...

Mais ce serait là une autre question en dehors de ce sujet.

D'ailleurs, ce genre d'étude est peu connu et encore moins pratiqué de nos jours. Je crois donc mieux faire d'ajouter ici, en terminant, les deux formules ou procédés comparatifs suivants :

Le premier est basé sur cette raison que π, procédant de $\sqrt{2}$, ou de congénères, doit conserver avec $\sqrt{2}$, dans ses multiples et fractionnements, un accord harmonique de relation.

Le second a surtout pour but de faire apparaître un exemple de bifurcation décimale au 5e chiffre (**), bifurcation dont les mathématiciens de l'Inde avaient conscience, et en même temps de

(*) La valeur significative *des derniers* chiffres de toutes les valeurs incommensurables transcrites dans cette étude pourrait être modifiée par une plus grande approximation, mais cette approximation ne ferait que confirmer les conséquences de mes déductions.

(**) Il existe *pour les produits*, par la numération décimale, deux genres de bifurcation : l'une, que je nommerai *géométrique*; elle apparait au 5e chiffre du produit; on la *provoque* en associant, pour en extraire ensuite

faire entrevoir que les moyennes proportionnelles décimales doivent procéder autant de racines de nombres impairs ou unitaires que de racines de nombres pairs ou dixièmes.

La comparaison des résultats que l'on peut obtenir par ces deux formules comparatives permettra, par leur expérimentation, d'acquérir une induction plus ou moins sentie de la constitution intime de la valeur π soumise à leur contrôle.

PREMIÈRE FORMULE DE COMPARAISON.

$$\frac{\sqrt{2}\times 2}{9} = \text{A et } A\times A = B$$

$$\frac{\pi\times 9}{2} = \text{C et } C\times C = D$$

De là on tirera :

$$\left(\frac{(\pi\times\pi)+B}{2}\right) = (A\times\pi),\text{ plus ou moins une différence} = E$$

$$\left(\frac{(\sqrt{2}\times\sqrt{2})+D}{2}\right) = (C\times\sqrt{2}),\text{ plus ou moins une différence} = F$$

Or, les multiples et diviseurs rapprochant $\sqrt{2}$ et π, qui donnent ici le rapport, sont 2 et 9.

Je dis que si π a conservé un rapport mathématiquement harmonique avec son type originel $\sqrt{2}$: $\left(\frac{E\times 9}{2}\right)$ égalera $\left(\frac{F\times 2}{9}\right)$.

DEUXIÈME FORMULE DE COMPARAISON.

Dans ma lettre à M. A., du 13 janvier 1867, en parlant d'Archimède, je disais :

« J'ai la conviction qu'il chercha un moyen de trouver une *moyenne proportionnelle* plus DIRECTE et surtout ne résultant pas d'opérations *successives* S'ÉCHELONNANT. En un mot, il demanda cette moyenne proportionnelle à une *seule* opération et non à une *suite* d'opérations. »

---

des racines, des nombres pairs de chiffres à des nombres impairs de chiffres. La seconde, que je nommerai *arithmétique* ; elle apparaît après le 10e chiffre du produit, alors que l'on compare par division deux nombres de types différents en regard de leurs fractions décimales. Dans le premier cas, le produit vient trop faible au 5e chiffre; dans le second, trop fort après le 10e chiffre.

Le nombre radical ou générateur de π d'Archimède est 3,2 et $\frac{1}{3,2}$ que je désignerai, pour la facilité de l'exposé, 3,2 par A et $\frac{1}{3,2}$ par B

Si A et B, par la formule de ma lettre du 13 janvier 1867, engendrent $\pi = \frac{22}{7}$, π et $\frac{1}{\pi}$, par la même formule, pourront devenir radicaux des deux autres nombres C et D qu'ils engendreront, d'où AB et CD permettront d'enserrer π entre les valeurs A et B qui l'engendrent et C et D qui en sont engendrés.

Avec π d'Archimède :

A = 3,2 B = ,3125
C = 3,172413793127, etc. D = ,315217391302, etc.

Avec ma formule :

A = 3,200141422510726, etc. B = ,312486189818279, etc.
C = 3,172431628475O2, etc. D = ,31521363195085, etc.

Avec π des polygones :

A = 3,20247986251, etc. B = ,312258013455, etc.
C = 3,17307706441, etc. D = ,315151501114, etc.

Avec le signe — on obtiendra :

$$A - \pi = x, \quad A - \frac{1}{\pi} = y, \quad \frac{x}{y} = \pi$$

$$\pi - B \quad x', \quad \frac{1}{\pi} - B = y', \quad \frac{x'}{y'} = \pi$$

$$C - \pi = x'', \quad \frac{1}{\pi} - C = y'', \quad \frac{x''}{y''} = \pi$$

$$D - \pi = x''', \quad \frac{1}{\pi} - D = y''', \quad \frac{x'''}{y'''} = \pi$$

Mais avec le signe +

$$A + \pi = E, \quad A + \frac{1}{\pi} = F, \quad \frac{E}{F} = Z$$

$$B + \pi = G, \quad B + \frac{1}{\pi} = H, \quad \frac{G}{H} = W$$

D'où $\frac{Z+W}{2} = R$ ou $(\pi \times \sqrt{10})$.

Or, les produits Z et W diffèrent et bifurquent au 5e chiffre. Il en sera de même avec C et D.

EX. AVEC π DES POLYGONES :

$$\begin{array}{rl} Z = & 9{,}93500008371 \\ + W = & 9{,}93417646493 \\ \hline = & 19{,}86917654864 = R, \text{ et } \frac{R}{2} = 9{,}934588 27432, \end{array}$$

ou π des polygones $\times \sqrt{10}$.

Bien d'autres comparaisons ou rapprochements pourront, à titre de moyennes proportionnelles décimales, être réclamés de A, B, C, D, tels que, ex. : $\frac{A+C}{2} = L$, d'où $L - \pi = 0$ et $L - \frac{1}{\pi} = P$ et $\frac{0}{P}$ devant donner $\pi \times \pi$, ou encore $\frac{E \times G}{F \times H} = \pi + \pi$, etc., etc., etc.

Les exemples précédents suffiront pour indiquer la voie aux personnes qui voudront expérimenter ces formules. Elles verront que de toutes les valeurs désirant représenter le rapport du diamètre à la circonférence, c'est π des polygones qui donne les résultats les moins satisfaisants... à moins que π vrai n'ait *horreur* de l'harmonie proportionnelle?...

CONCLUSION.

Résumant mes recherches et les conséquences de cette étude comparative, je dis :

3,1416 ou π indien est UNE MODIFICATION concrètement exprimée de π des polygones.

$\frac{22}{7}$ ou π d'Archimède est UNE RECTIFICATION pratiquement obtenue de π indien.

$\sqrt{2} + \frac{12{,}7}{7} = \pi$ est UNE CORRECTION proportionnelle, mathématique et décimale de π d'Archimède.

Conséquemment π des polygones n'est que l'ALPHA du rapport du diamètre à la circonférence.

Caen, les 1er et 2 novembre 1868.

E. V. LE M.

Caen, typ. Goussiaume de Laporte. — 19 fév. 1869.

www.ingramcontent.com/pod-product-compliance
Ingram Content Group UK Ltd.
Pitfield, Milton Keynes, MK11 3LW, UK
UKHW020225180726
13838UKWH00005B/2189

9 782329 344058